贺州瑶族服饰

李 辉 著

中国摄影出版传媒有限责任公司

China Photographic Publishing & Media Co., Ltd.

中国摄影出版社

图书在版编目（CIP）数据

贺州瑶族服饰/李辉著. -- 北京：中国摄影出版
传媒有限责任公司，2024.4
　ISBN 978-7-5179-1384-9

　Ⅰ. ①贺… Ⅱ. ①李… Ⅲ. ①瑶族－民族服饰－服饰
文化－贺州－摄影集Ⅳ. ①TS941.742.851-64

中国版本图书馆CIP数据核字（2024）第026367号

贺州瑶族服饰

作　　者：李　辉
策划编辑：徐　申
责任编辑：刘　婷
装帧设计：鑫　晖
出　　版：中国摄影出版传媒有限责任公司（中国摄影出版社）
　　　　　地　　址：北京市东城区东四十二条48号
　　　　　邮　　编：100007
　　　　　发行部：010-65136125　　65280977
　　　　　网　　址：www.cpph.com
　　　　　邮　　箱：distribution@cpph.com
印　　刷：广西昭泰子隆彩印有限责任公司
开　　本：12开
纸张规格：889mm×1194mm
印　　张：16
版　　次：2024年4月第1版
印　　次：2024年4月第1次印刷
印　　数：1—1000册
Ｉ Ｓ Ｂ Ｎ　978-7-5179-1384-9
定　　价：218元

灿烂国宝

收入中国非物质文化遗产名录的广西贺州市瑶族服饰，以其色彩艳丽、绣工精细、图案多变而引人注目，手工刺绣的头巾、背袋及衣服的前摆、后摆等，图案丰富多彩、色彩斑斓，极富艺术创意，具有较高的历史收藏价值和艺术观赏价值，是我国多种民族服饰中的一朵绚丽夺目的奇葩。

广西贺州市瑶族服饰，以八步区和平桂区的瑶族服饰最具代表性。这两个区的瑶族同胞长年居住在深山密林之中，一年四季与大自然亲密接触，把自己融入了大自然的怀抱中。他们从中感悟出大自然的和谐之美，并以大自然赋予的大山、溪流、植物、飞禽走兽的自然美感，通过自己的丰富想象，设计、刺绣出一幅幅源于大自然的美丽图案，勾勒出一幅幅原生态的五彩画作，用其装饰瑶族男女的头帽、衣服，赋予瑶族服饰华丽、高雅的时尚美，令世人纷纷探秘……

广西贺州市瑶族服饰为手工绣品，图案五花八门，似山似水，似鸟似鱼，似花似果，似人间万象，配以赤、橙、黄、绿、青、蓝、紫、白等8种颜色的丝线绣成图案，使瑶绣更加耀眼夺目，让人过目难忘。其中，瑶族盛装又似一首五彩的诗篇，不论是男瑶胞的平头帽，还是女瑶胞的尖头帽，亦或男女瑶胞的衣裤，都是以黑布衬底，加以红、白线手工缝制并绣上棱形、尖形、方形、八角形、三角形等瑶绣图案，令人耳目一新，眼花缭乱。瑶胞穿戴上这样的服饰，行走在群山峻岭之中，似一幅流动的水彩画，在众多民族服饰中脱颖而出，令人叫绝。

广西贺州市瑶族服饰装饰图案主要展示在男女的头帽饰、胸饰、领饰、腰饰、头背饰、前摆饰、后摆饰、手袖饰、裤脚饰和背袋饰上，远看似山花怒放，近观如彩泉洒落，令人着迷，充分展示了瑶族妇女的聪明才智。

值得一提的是，在广西贺州市平桂区的鹅塘、沙田两个乡镇，居住着瑶族大家庭的一个支系——土瑶。土瑶服饰独具特色，特别是女瑶胞的头帽，不但色泽艳丽，而且独具匠心。土瑶女性服饰以蓝布为主，配以白领、白袖、彩线等；男性服饰衣短、裤长。男性头戴绣有瑶族女书的白巾帽。女性头戴的五彩木帽是由山中油桐树片制作帽体，油上青绿色和墨青色油漆线条，并用红、黄、蓝、绿、紫5色纱线盘扎帽顶和装饰前襟、背带，然后扎上前、后摆红丝围裙。不但丰富了贺州市瑶族服饰的色彩、图案和内涵，而且提升了贺州市瑶族服饰的艺术感染力和文化艺术价值。作为旅游产品，贺州市瑶族服饰具有前景乐观的潜在市场开发价值和经济价值。

2024年4月于贺州市爱莲湖畔

目 录

三、儿童服饰

四、师公服饰

五、婚礼服饰

六、瑶绣作品

一、女性服饰

　　瑶族女性服饰由头帽饰（尖头、平头两种）、正面头饰、头背饰、胸饰、背饰，前摆饰和后摆饰、手袖饰、裤脚饰、银饰等组成。女性头帽色彩艳丽，似一座五彩山峰；胸饰为纯手工绣品，图案丰富多彩，前摆、后摆由两幅或多幅手工绣品组成，手饰、脚饰以红、蓝、绿、黑等色布拼成。银饰主要为装订在头帽正面帽沿和挂在胸前的饰品，图案有圆形、八角形、方块形、弯月形等，银饰制作工艺精细。整套女性服饰手绣图案丰富多彩，具有较高的艺术价值和观赏收藏价值，市场前景十分乐观。

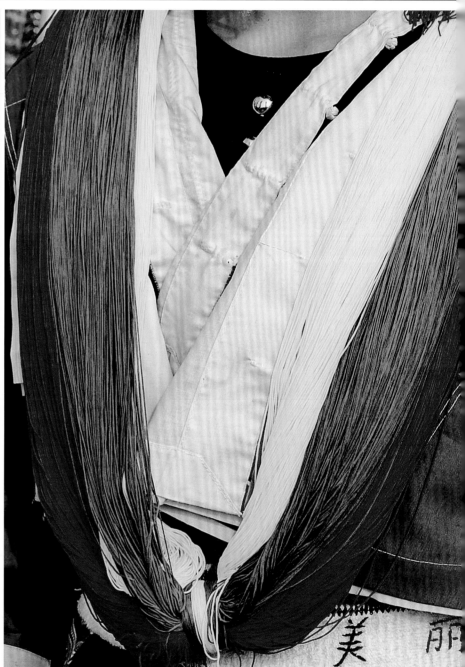

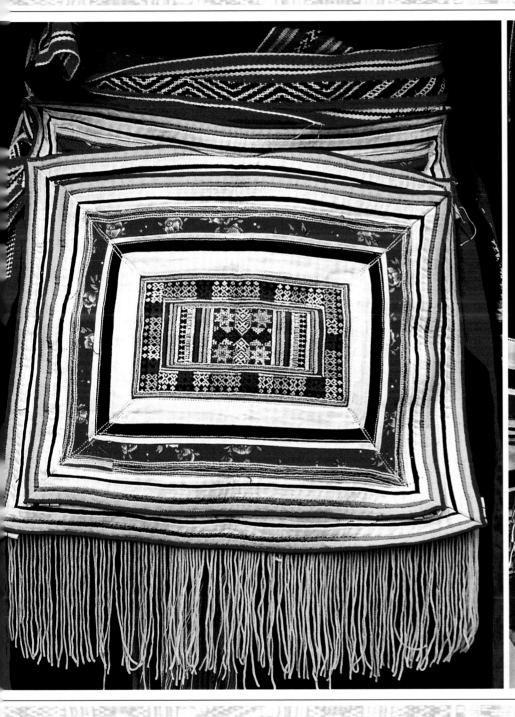

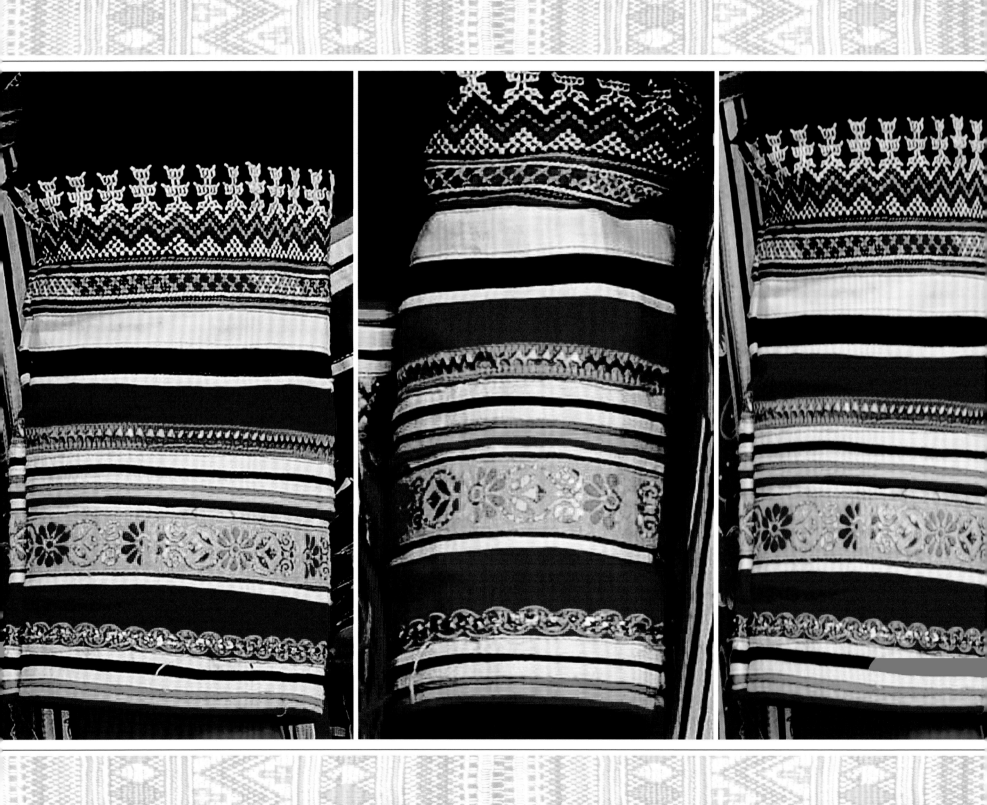

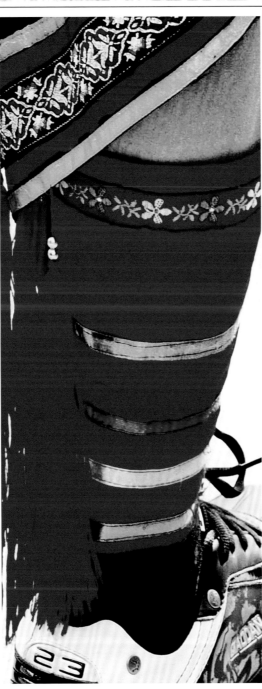

二、男性服饰

　　瑶族男性服饰由正面背面头饰，胸饰和背饰，前后摆饰，手袖饰组成。瑶族男性服饰比女性服饰简单一些，头饰由红、黄、白、黑等颜色布块组成，加上手工绣品，胸饰和背饰为手工绣品装饰，绣在由红、黄、黑、白四色拼成的布上；前后摆饰与女性前后摆饰相似；手袖饰主要绣在由红、黄、黑、白四色拼成的布上，图案简洁、自然，别具一格。

三、儿童服饰

　　瑶族男女儿童服饰与成年男女服饰有许多相同之处，都是手工刺绣图案。由红、黄、绿、黑、白等色绣成前后摆饰，图案似山似水似草似木等，具有较高的艺术观赏价值和收藏价值。

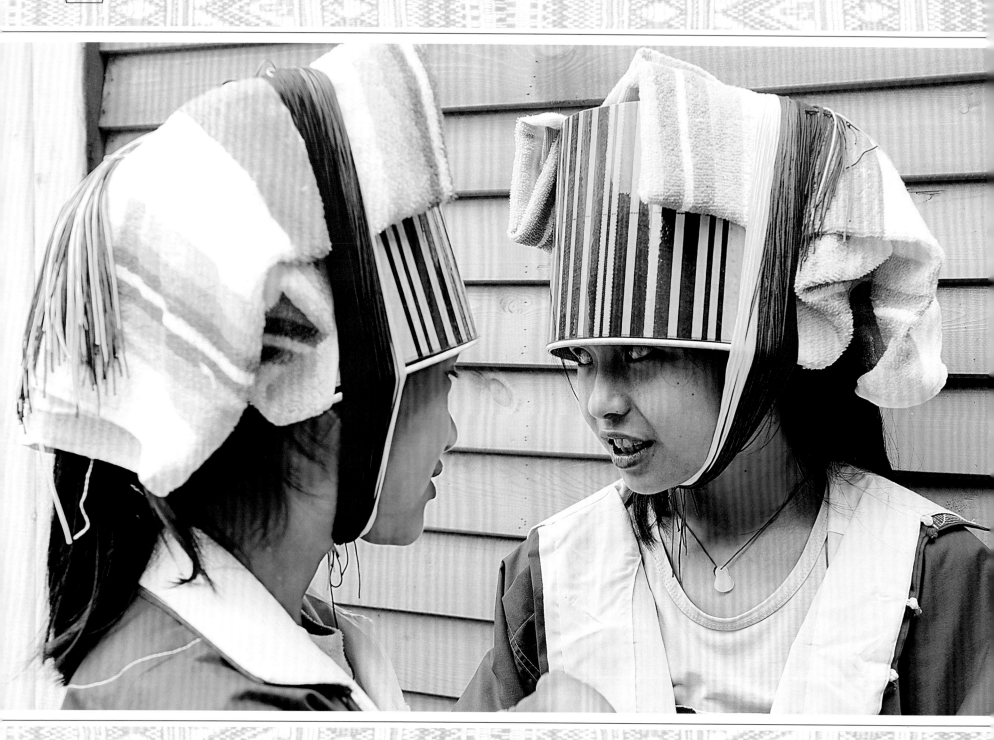

142

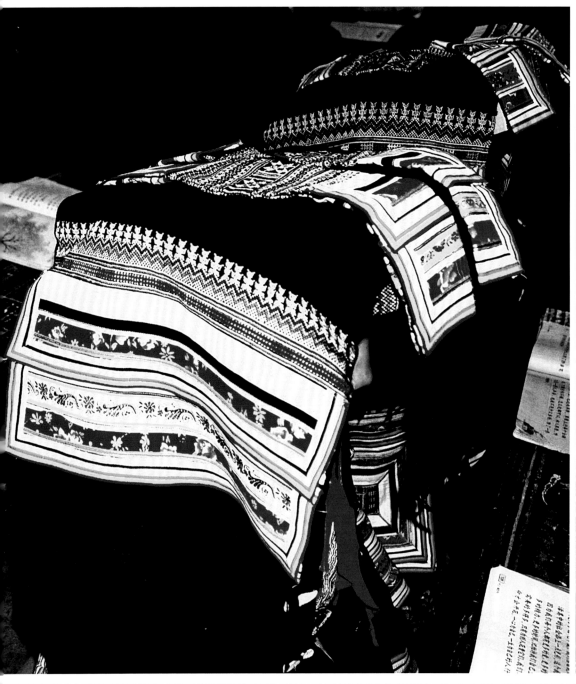

瑶族服饰

四、师公服饰

　　瑶族师公是宗教、文化活动主持者。瑶族师公服饰由师公头帽、红色或黄色或大花红底长衫组成。师公头帽由5—10片绘有盘王神像的尖型纸板拼成，有的师公头帽由古代黑色头帽、正面用五彩色珠装饰、头背缝上两条长及后腰的帽尾组成。瑶族师公服饰给人一种神秘感。

五、婚礼服饰

　　瑶族婚礼服饰，是瑶族服饰中最庄重、最出彩、最具艺术感染力的服饰。男性婚礼服饰头帽在平时的基础上加盖一块长形黑底刺绣头巾，绣有图案的头帽两边翻至前额，似腾飞的双翅引人注目；手袖饰、裤脚饰由红、黄、白四色布块拼成，前后摆为两块长方形手工绣品，上衣扣两边边沿由绿、红、黄三色绣品合成。女性婚礼服饰由三套服饰组成，一是出嫁路上穿的黑底刺绣图案服饰，戴尖头帽，前后摆为人工绣品装饰；二是新娘步入男方新房后，即换掉尖头帽，改戴上由五彩斑斓绣品缝制而成的长宽约1米见方的方形头帽，然后在伴娘的搀扶下出到厅堂跪拜先祖。三是晚上，新郎、新娘分别围上大红长装，新娘头戴方形彩帽与新郎双双来到厅堂拜堂。红妆新郎、新娘，红火艳丽，是贺州瑶族特有的红装拜堂礼仪。此外，土瑶婚礼服饰是在全国是唯贺州才有的一种瑶族婚礼服饰。土瑶婚礼服饰别具一格，土瑶新娘的头背饰由长约2米红丝线拼成，戴在头上如红瀑洒落，红火迷人，新娘的前后摆红丝裙与红丝头背饰上下呼应，远看，似红云飘落青山绿水间。近观，凝似红色祥云落人间。

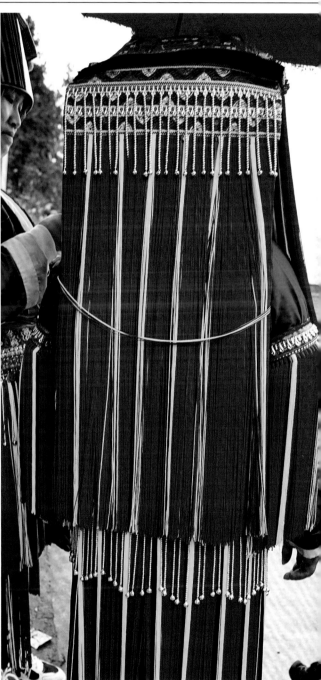

六、瑶　绣

　　瑶绣，是广西贺州市瑶族服饰的主要装饰品，纯手工绣成的瑶绣制品是瑶族服饰的画龙点睛之笔。用瑶绣装饰的瑶族服饰具有较高的艺术观赏价值和经济、收藏价值。因此，贺州瑶族服饰被收入国家级非物质文化遗产名录。近年，贺州市人民政府把瑶绣当作瑶族乡村振兴的重点产业来抓落实，在八步区创办了国家级瑶绣生产基地，全市有500多名瑶族女青年参与瑶绣制品加工，生产的瑶绣产品曾被联合国当作艺术礼品赠送给世界各国元首。